動画を 見て みよう！

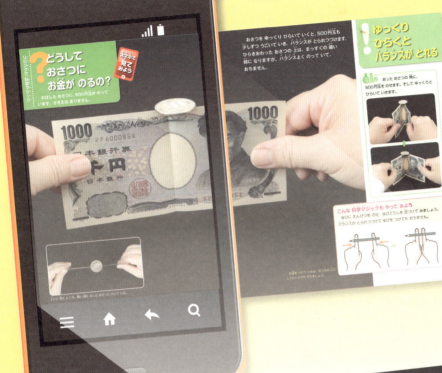

マークが ある ページ 全体を スキャン！

マジックの やり方や、ようすが わかります。

※スマートフォンアプリ「ARAPPLI（アラプリ）」のOS対応は iOS:7 Android™4以降となります。
※タブレット端末動作保証外です。
※Android™端末では、お客様のスマートフォンでの他のアプリの利用状況、メモリーの利用状況等によりアプリが正常に動作しない場合がございます。
　また、アプリのバージョンアップにより、仕様が変更になる場合があります。詳しい解決法は、http://www.arappli.com/faq/private をご覧ください。
※AndroidはGoogle Inc.の商標です。
※iPhone®は、Apple Inc.の商標です。　※iPhone®商標は、アイホン株式会社のライセンスに基づき使用されています。
※記載されている会社名及び商品名/サービス名は、各社の商標または登録商標です。
※現在のサービスは、2020年5月31日までです。その後は、http://zukan.gakken.jp をごらんください。

科学は 楽しい！

藤嶋 昭（東京理科大学栄誉教授）

　この 本に しょうかいされて いる 科学マジックは、身近な 材料で できる、かんたんな もの ばかりです。
おうちの 人と いっしょに、やって みて ください。
あなたも、おうちの 人も きっと びっくりするでしょう。
そして、どうして そう なるのかを 考えて みて ください。
そうすれば、あなたは、もう、りっぱな 科学者ですよ。

酸化チタンの電極に光を当て、酸素を発生させる実験装置と
藤嶋昭氏（写真／東京理科大学）

藤嶋　昭（ふじしま　あきら）

東京理科大学栄誉教授。1942年東京都生まれ。東京大学大学院博士課程修了、工学博士。1967年、酸化チタンを使った「光触媒反応」を世界ではじめて発見し、『ホンダ・フジシマ効果』として知られる。1978年から、東京大学工学部助教授、教授などをへて、2005年、東京大学特別栄誉教授。2010年から東京理科大学学長。受賞歴は、1983年朝日賞、2003年紫綬褒章、2010年文化功労者、2012年トムソン・ロイター引用栄誉賞、2017年文化勲章など。

もくじ

スマホで 動画を 見て みよう！ ………… 前見返し
なぜ そう 見える？ ………… 後ろ見返し

科学は 楽しい！　藤嶋 昭 ………… 2

リビングで 科学マジック

どうして おさつに お金が のるの？ ………… 6
風船が われないのは なぜ？ ………… 8
紙コップが とび出すのは なぜ？ ………… 10
なぜ、風船が くっつくの？ ………… 12
スプーンに クリップが なぜ くっつくの？ ………… 14
なぜ、7色に なるの？ ………… 16
どうして まつぼっくりが 入って いるの？ ………… 18
どうして りんごが のるの？ ………… 20
どうして はしの 10円玉だけが うごくの？ ………… 22
なぜ ねこが 立つの？ ………… 24
なぜ はなれた ところの ものが たおれるの？ ………… 26
なぜ、ふうとうの 中の 字が 読めるの？ ………… 28
どうして 1円玉が とび上がるの？ ………… 30
なぜ ピンポン玉が おちないの？ ………… 32
なぜ 塩の もようが できるの？ ………… 34

実験を 大切に した 大科学者たち①
ガリレオ・ガリレイ ………… 36

実験を 大切に した 大科学者たち②
ニュートン ………… 37

キッチンで 科学マジック

花が 2色なのは なぜ？ ………… 38
どうして 10円玉が きえるの？ ………… 40
どうして えんぴつが 切れるの？ ………… 42
どうして 1円玉が うくの？ ………… 44
なぜ 水が おどって いるの？ ………… 46
なぜ 水が こぼれないの？ ………… 48
水が まがるのは なぜ？ ………… 50
なぜ こおりが つれるの？ ………… 52
なぜ、いろいろな 色に なるの？ ………… 54
どうして にんじんから 水が 出るの？ ………… 56
どうして お米が もち上がるの？ ………… 58
なぜ 水の 出方が ちがうの？ ………… 60
水の だんごが できるのは なぜ？ ………… 62
なぜ 水は うずまきの 方が はやく 出るの？ ………… 64
どうして 紙が ひらくの？ ………… 66
どうして あみから 水が こぼれないの？ ………… 68
どうして 10円玉が きれいに なるの？ ………… 70
なぜ 色水が ひっこして いくの？ ………… 72
どうして たまごに からが ないの？ ………… 74
なぜ たまごが ういて いるの？ ………… 76
なぜ たまごが すいこまれるの？ ………… 78
同じ 方を 向いて いるのは なぜ？ ………… 80
どうして たまごが 立つの？ ………… 82
なぜ しょうゆ入れが うごくの？ ………… 84
「夕やけ」が 見られるのは なぜ？ ………… 86
なぜ 水が もり上がったの？ ………… 88

4

どうして 王かんの 形が ちがうの？	90
なぜ 紅茶の 色が かわるの？	92
どうして レモンで 光るの？	94
実験を 大切に した 大科学者たち③ ファラデー	96
なぜ シャボンが ふくらむの？	98
なぜ ボートが すすむの？	100
なぜ ピンポン玉が ついて くるの？	102
実験を 大切に した 大科学者たち④ パスツール	104
実験を 大切に した 大科学者たち⑤ ライト兄弟	105

体で 科学マジック

手に あなが あいたのは なぜ？	106
なぜ おさつが つかめないの？	108
ゆび1本で なぜ 立てないの？	110
左足が 上がらないのは なぜ？	112
なぜ 風船が つめたくなるの？	114
実験を 大切に した 大科学者たち⑥ エディソン	116
実験を 大切に した 大科学者たち⑦ マリ・キュリー	117
実験を 大切に した 大科学者たち⑧ フレミング	118

? リビングで 科学マジック

どうして おさつに お金が のるの?

のばした おさつに、500円玉が のって います。ささえは ありません。

スマホで 見てみよう。

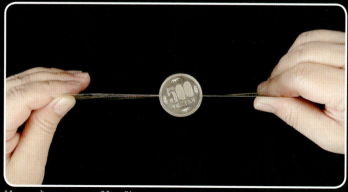

上から 見た ところ。細い 線に なった おさつに のって いる。

おさつを ゆっくり ひらいて いくと、500円玉も 少しずつ うごいて いき、バランスが とられつづけます。ひらきおわった おさつの 上は、まっすぐの 細い 線に なりますが、バランスよく のって いて、おちません。

お金を つかう ときは、おうちの 人に ことわってから やりましょう。

! **ゆっくり ひらくと バランスが とれる**

やり方 おった おさつの 角に、500円玉を のせます。そして ゆっくりと ひらいて いきます。

こんな 科学マジックも やって みよう

ゆびに えんぴつを のせ、ゆびどうしを 近づけて みましょう。バランスが とられつづけて ゆびを つけても おちません。

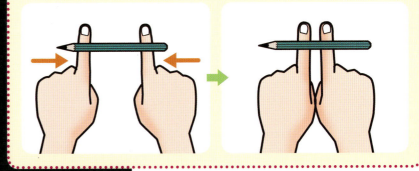

リビングで 科学マジック

? 風船が われないのは なぜ？

風船に はりが ささって います。
なぜ、風船は われないのでしょう。

風船に はりを さすと われるのは、ゴムが あなを 広げる 向きに ちぢんで いくからです。セロハンテープを はると、ちぢもうと しなく なるため、はりを さしても 風船は われません。

おうちの 人と いっしょに やりましょう。
はりで けがを しないように ちゅういしましょう。

！ テープを はって はりを さした

やり方
風船を ふくらませ セロハンテープを はります。

はった ところに、はりを さすと 空気は ぬけますが われません。

こんな 科学マジックも やって みよう

風船の 先の 色が こい ところ（へそ）に はりを さして みましょう。風船が 小さく なる 向きに ちぢむので、空気が ぬけるだけで、われません。

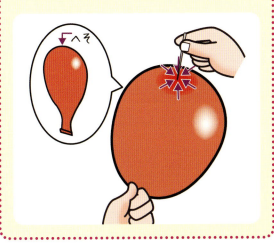

リビングで科学マジック

紙コップが とび出すのは なぜ？

かさねた 紙コップの 間に いきを ふきこむと、上の 紙コップが いきおいよく とび出します。

スマホで見てみよう。

10

コップと コップの 間に いきを ふきこむと、下の コップの 中に 空気が たまります。そして、その 空気が 上の コップを いきおいよく おし出すのです。

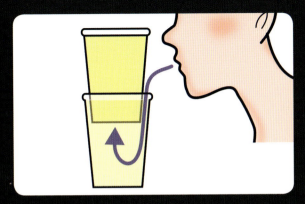

！間に 入った 空気が おし出した

やり方

紙コップを 2つ かさねます。

少し 上から、2つの 紙コップの 間に、いきを 強く ふきこみます。

こんな 科学マジックも やって みよう

紙コップを 2つと ストローを 1本、用意します。紙コップの そこと そこを くっつけて、セロハンテープで とめます。コップを 横に ころがします。

コップを つけた ところに ストローを ちかづけます。上下の まん中 あたりに ストローで いきを ふきかけましょう。コップが ストローに くっつきながら、手前に ころがります。

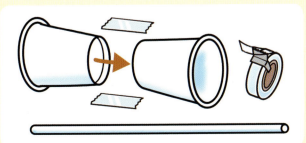

? なぜ風船がくっつくの？

リビングで科学マジック

風船と 風船の 間を ふっと ふいたら、
風船は はなれずに、くっつきます。

スマホで見てみよう。

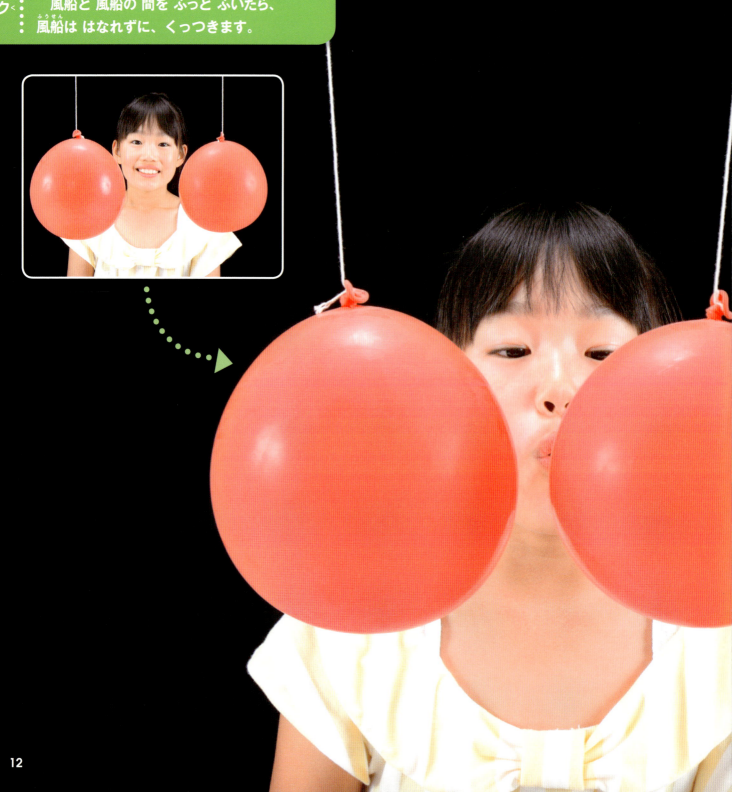

風船と 風船の 間を いきおいよく ふくと、空気が はやく ながれて、風船の 間の 空気が うすく なります。すると、風船の 間から、2つの 風船を 外がわに おす 空気の 力が 弱まる ため、風船を 外がわから 内がわへ 向けて おす 空気の 力の 方が 強く なります。それで 風船が くっつくのです。

！ 空気が うすく なり くっついた

やり方
風船を ふくらませ、おうちの 人に もって もらいます。

風船と 風船の 間を、強く ふいて みましょう。

こんな 科学マジックも やって みよう
うすい 紙を 長細く 切ります。それを 下くちびるの 上に くっつけて、いきを ふいて みましょう。紙の 上の 空気が うすく なり、上に まい上がります。

リビングで 科学マジック

❓ スプーンに クリップが なぜ くっつくの？

スプーンに クリップが くっついて います。どうしてでしょう。

スマホで 見て みよう。

!じしゃくでこするとじしゃく

てつで できた スプーンを じしゃくで こすると、スプーン ぜんたいが N極と S極を もった じしゃくに なるのです。

じしゃくに なりにくい スプーンも あります。

やり方
てつの スプーンを じしゃくに つけて こすります（れいぞうこなどに メモを はる ための じしゃくでも よい）。その 後、スプーンを クリップに つけて 引き上げましょう。

こんな 科学マジックも やって みよう
じしゃくに した スプーンを、かたい ところに うちつけます。すると、スプーンの じしゃくの 向きが ばらばらに なり、じしゃくの はたらきが なくなります。

？ なぜ 7色に なるの？

リビングで 科学マジック

光が、三角形の プリズムの 中を 通り
ぬけたら、7色に かわりました。

太陽の 光には、いろいろな 色が ふくまれて います。
プリズムは、光を 色ごとに 分ける ことが できます。
太陽の 光を プリズムに 通すと、色が 分かれて、
7色の 光に なるのです。

太陽の 光には いろいろな 色が ある

プリズムは、下のような 形で、とうめいな ガラスなどで 作られて います。光は、べつの ものを 通る とき まがります。その まがり方は、色に よって ちがいます。その ちがいが 大きく なるような 形に 作って あるのが プリズムです。

やり方 プリズムの かわりに、そこの 丸い ペットボトルでも じっけんが できます。水を 入れ、太陽の 光を 当てましょう。いろいろな 向きに うごかし、光が 分かれて 見える ところを さがしましょう。

かならず おうちの 人と いっしょに やりましょう。

こんな 科学マジックも やって みよう

よく 晴れた 日の 日なたで、太陽に せを 向け、水を きりふきで ふいて みましょう。とびちる 水の つぶに 太陽の 光が 当たると、7色の にじが 見られます。

リビングで 科学マジック

❓ どうして まつぼっくりが 入って いるの？

びんの 口より、大きい まつぼっくりが 入って います。

まつぼっくりの かさは、お湯で ぬらすと とじて、かわかすと ひらきます。びんの 口は せまいので、まず、ぬらして かさを とじてから、びんに 入れて、かわかしたのです。まつぼっくりの かさは、晴れの 日に ひらき、かさの 間に 入っている たねを とばします。

お湯に 入れると かさが とじる

やり方 まつぼっくりを お湯に 入れます。

まつぼっくりの かさが とじます。

かさが とじた まつぼっくりを びんに 入れます。2〜3日して かわくと、かさが ひらきます。

こんな 科学マジックも やって みよう

ホウセンカの 実が、ふくらんで 黄色くなったら、そっと ふれて みましょう。実が はじけて、たねが とびちります。ホウセンカは、こうして たねを 遠くまで とばす ことで、生える 場所が 広がります。

? どうして りんごが のるの？

リビングで 科学マジック

はがきの 上に、りんごが のって います。
はがきに どうして りんごが のるのでしょう。

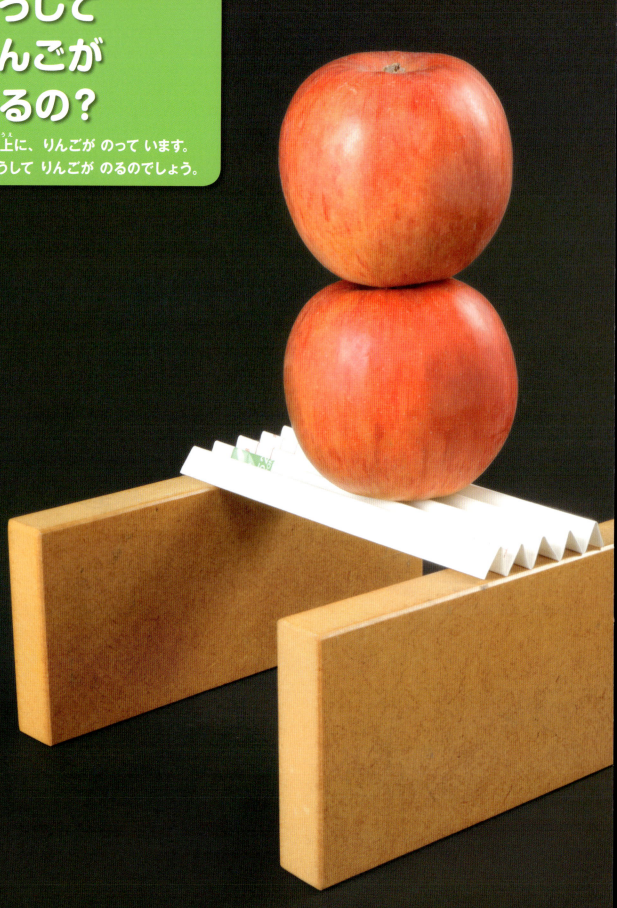

> !
> # 三角の 形は 上からの 力に 強い

　三角の 形は、上からの 力を ささえるのに 強い 形です。2つの ななめの ところが、力を 合わせて ささえるのです。

　はがきを ぎざぎざに おると、三角の 山が たくさん できます。いくつもの 三角で りんごの 重さに たえるのです。

やり方

　はがきを 用意します。2つの 台の 上に のせます。りんごを のせようと しても、おれまがって のせられません。

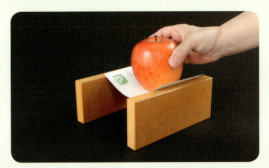

　はがきを、山おりと たにおりを くりかえして、ぎざぎざに おります。それを 2つの 台の 上に のせます。その 上に りんごを のせて みましょう。おれまがりません。

こんな 科学マジックも やって みよう

　Ａ4の コピーようしを 4つに 切ります。1まわり半 丸めて セロハンテープで とめます。丸めた ものを ならべて、下じきを のせ、水を 入れた 1リットルの ペットボトルを のせてみましょう。紙は つぶれません。

? リビングで 科学マジック

どうして はしの 10円玉だけが うごくの？

手前の 10円玉を はじいて ぶつけると、はしの 10円玉だけが うごきます。

お金を つかう じっけんは、おうちの 人に ことわってから やりましょう。

! ぶつけた 力が はしの 1まいまで つたわる

やり方
10円玉を まっすぐに ならべます。そこに、1まいの 10円玉を、はじいて 当てます。すると、先の 10円玉が 1まいだけ うごきます。

10円玉を ぶつけた 力は、はしの 10円玉まで つたわります。1まいの 10円玉を ぶつけた 力は、はしの 10円玉が 1まい うごく 力と 同じ なので、はしの 10円玉が 1まいだけ うごくのです。

こんな 科学マジックも やって みよう

10円玉を 2まい はじいて みましょう。すると、2まい うごきます。さらに はじく 数を かえると どう なるでしょう？

? なぜねこが立つの？

リビングで科学マジック

ねこを かいた 紙を さかさまに して おとすと、ひらりと まわって 立ちます。

スマホで見てみよう。

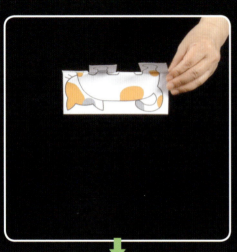

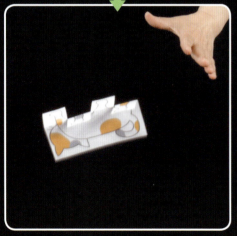

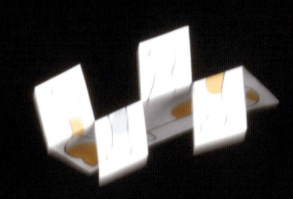

こんな 科学マジックも やって みよう

紙と はさみ、クリップを 用意します。右の えの ように 紙を 切ります。点線の 通り 切りこみを 入れます。下に クリップを はさみます。

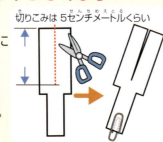

切りこみは 5センチメートルくらい

切りこみを 入れた ねもとを、向こうがわと こちらがわに おります。1メートル 以上の 高さから おとすと、くるくると まわりながら おちます。

！空気の ながれが 立たせる

　おった あしの すき間から 空気が ながれて、ねこの どう体が くるっと まわります。ねこは あしを 下に した まま ちゃくちします。

やり方

　下の 大きさの 紙を よういします。わら半紙や 広告の 紙でも できます。 ── を 切り、−・−・− を 山おり、------ を たにおりに します。

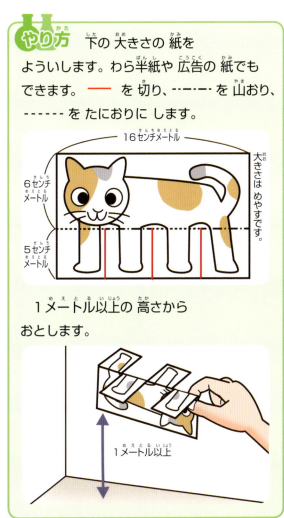

　1メートル以上の 高さから おとします。

リビングで 科学マジック

なぜ はなれた ところの ものが たおれるの？

あなの あいた はこを たたくと、けむりの わが 出て、まとが たおれました。

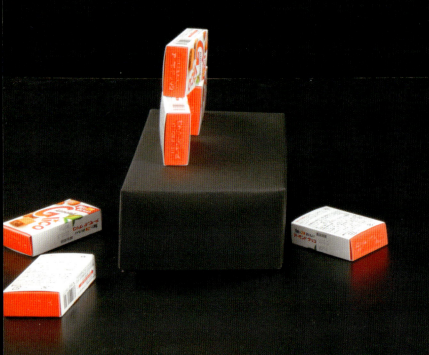

26　はこを カッターで 切ったり、せんこうの けむりを 入れるのは、かならず おうちの 人に やって もらいましょう。けむりは なくても でき

はこを ポンと たたくと、空気が あなから ドーナツの ような わの 形に なって、とび出します。
わは、空気の うずです。空気の うずが まっすぐ とんで いき、まとに 当たって、くずしたのです。

あなから 空気の うずが 出た

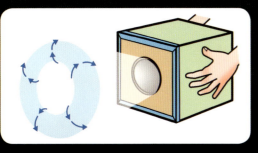

スマホで 見て みよう

やり方
だんボールの はこを ガムテープで とめ、あなを あけます。

せんこうの けむりを 入れます(なくても できます)。

いきおい よく わきを たたきます。

空気の うずが、わに なって とび出します。

こんな 科学マジックも やって みよう

はこの 大きさや あなの 大きさを かえて みましょう。うずの 大きさや 強さが かわります。

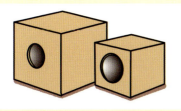

はこの あなを 上に むけて、紙コップを のせます。はこを たたくと、紙コップが とびます。

なぜ ふうとうの 中の 字が 読めるの?

ふうとうの 中に 入れた 紙の 字が どうして 読めるのでしょう。

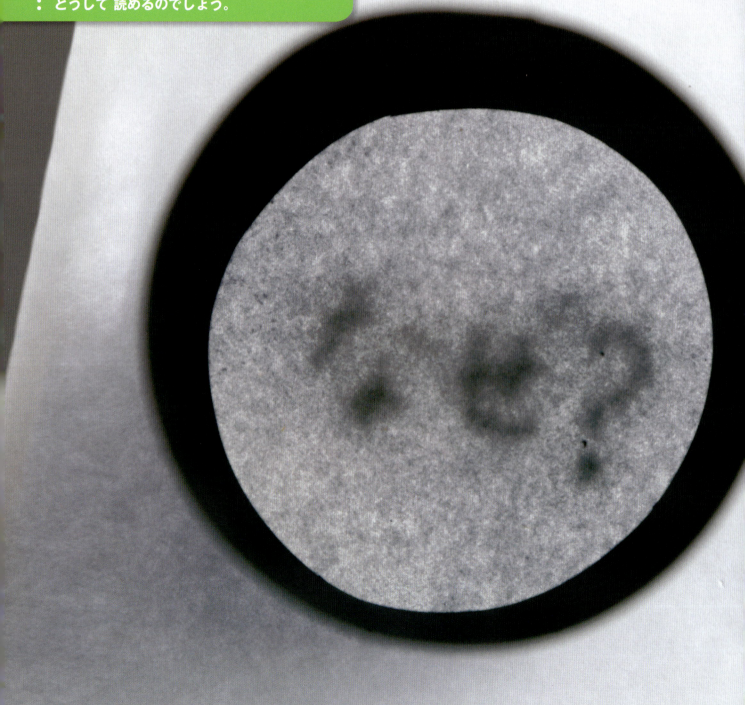

! はんしゃする光をさえぎったから

ふうとうの 中の 文字は、ふうとうに はんしゃした 光が じゃまを して、見えなく なって います。つつで、光を さえぎると、はんしゃする 光が なくなります。そして うらがわから さしこむ 光だけに なるので、すけて 見えるように なるのです。

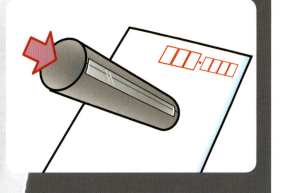

やり方

白い 紙に 文字などを かいて、ふうとうの 中に 入れます。

こい 色の 紙を 丸めて、つつを 作ります。

ふうとうを 手に もって つつを のぞくと、紙に かいた 文字が 読めます。

こんな 科学マジックも やって みよう

文字や えを かいた 紙を チャックつきポリぶくろに 入れます。ふくろの 外にも、文字や えを かきます。

水を 入れた せんめんきに、ななめに 入れると、紙や ふくろに かいた ものが 見えます。

水の 中で 立てると、紙に かいた ものだけが 見えなく なります。ふくろと 紙の 間に ある 空気で はんしゃした 光が じゃまを するからです。

ふうとうは、茶色い ものか、中が 二重に なって いない ものを つかいましょう。

リビングで 科学マジック

？ どうして 1円玉が とび上がるの？

スマホで 見てみよう。

1円玉の 上を ふくと、1円玉は ふきとばずに とび上がります。

30　お金を つかう じっけんは、おうちの 人に ことわってから やりましょう。

1円玉の 上に、よこから いきを ふきかけると、1円玉の 上の 空気が うすく なります。すると、空気が 1円玉を おさえる 力が 弱く なります。それで、1円玉は めくれ上がって、とばされます。

！1円玉の 上の 空気が うすく なる

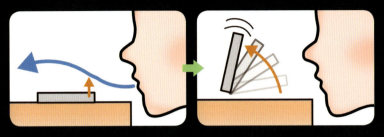

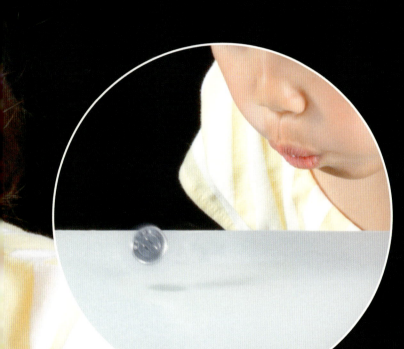

まい上がる ときも ある。

やり方

たいらな テーブルに、1円玉を おきます。

1円玉の 向こうがわを ねらって、1円玉の 上を ふきぬける ように いきを ふきます。

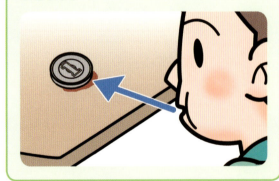

こんな 科学マジックも やって みよう

コップに ピンポン玉を 入れます。コップの 上を 水平に 強く いきを ふきます。すると、中の ピンポン玉が とび出します。

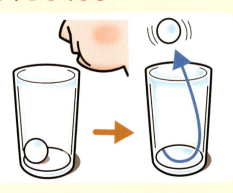

31

リビングで 科学マジック

❓ なぜ ピンポン玉が おちないの？

ドライヤーで 風を ななめに 当てても ピンポン玉は ういた ままです。

スマホで 見てみよう。

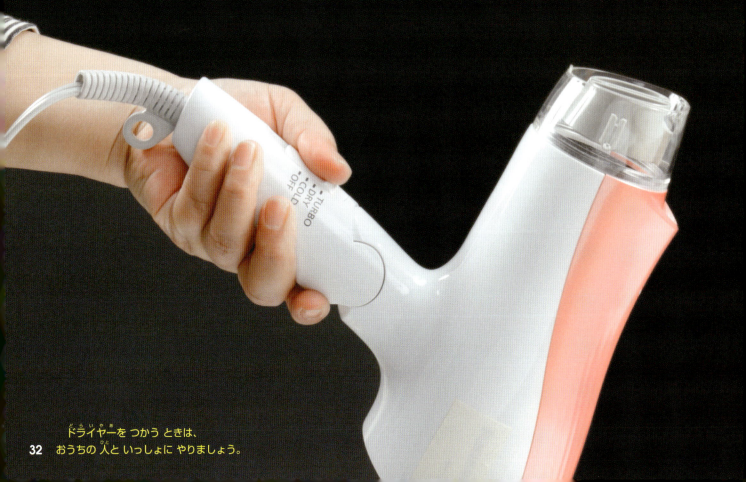

ドライヤーを つかう ときは、おうちの 人と いっしょに やりましょう。

32

!上の空気がうすくなる

ドライヤーの風は、ピンポン玉をつつみこんでいます。ドライヤーをななめにすると、ピンポン玉の上をながれる風がはやくなり、空気がうすくなります。それで、ピンポン玉は空中にういたままになります。

やり方

ドライヤーでつめたい風を出します。風の先にピンポン玉をのせてみましょう。

ドライヤーの風の上にうまくのせて、ピンポン玉をドライヤーの上でうかせます。

ドライヤーをななめにかたむけてみましょう。ピンポン玉は、ういたままおちません。

こんな科学マジックもやってみよう

ピンポン玉のかわりに、風船やカップラーメンのようきをつかって、やってみましょう。

33

リビングで 科学マジック

❓ なぜ 塩の もようが できるの?

「わー!」と 大きな 声を 出すと、塩が うごいて もようが できます。

スマホで 見てみよう。

34　塩を つかう ときは、おうちの 人に ことわってから つかいましょう。

ぴんと はった ビニールに 向かって、大きな 声を 出すと、声が 空気を ふるわせて ビニールに つたわります。そして ビニールを ふるわせます。それで、塩が うごいて もようが できるのです。

音の ふるえで 塩が うごく

やり方 ボールに、ビニールの ふくろなどを 切った ものを ぴんと はります。色の ついた ものが 見やすくて よいでしょう。

なるべく ぜんたいに 塩を まきます。ゆびで 広げましょう。

ボールに 向かって 声を 出します。高い 声を 出すと、よく うごきます。

こんな 科学マジックも やって みよう

いろいろな 声を 出して ためして みましょう。もようが かわります。ふえや スピーカーなどを つかって、声いがいの 音でも ためして みましょう。

実験を 大切に した 大科学者たち ①
ガリレオ・ガリレイ
（1564〜1642年　イタリア）

近代科学の 父

イタリアの ガリレオは、「近代科学の 父」と よばれて います。それは、科学の 法則を 見つけるのに、実験を 行い、実験が、科学を 大きく 発展させたからです。

アリストテレスに ぎもんを もつ

それまでの ヨーロッパでは、アリストテレスと いう 古代ギリシアの 学者の 書いた 本を、だれもが すべて 正しいと 思って 学んでいました。しかし ガリレオは、本に 書かれたことが 本当だろうかと、うたがいを もって 読んだのです。

アリストテレス
（紀元前384〜紀元前322年）

重くても かるくても おちる はやさは 同じ

たとえば アリストテレスは、「重い ものほど はやく おちる」と 本に 書きましたが、ガリレオは、おかしいと 思いました。

そして 実験して たしかめたのです。ピサの 斜塔から、重い 鉄の 玉と、かるい 木の 玉を おとして、はやさを しらべたとも いわれますが、おとす かわりに、さかを ころがして、時間を はかる 実験も 行いました。

実験の 結果、紙の ように ひらひら おちて 空気に じゃまされる もので ないならば、重さに かんけいなく、おちる はやさは すべて 同じという ことを つきとめたのです。

ガリレオが 実験に 使った という 伝説が のこる ピサの 斜塔。

「重い ものほど はやく おちる」のは おかしいと、ガリレオが 思った わけ

重い ものが はやく おちると いうのなら、2つの 玉を よこに つなげただけで、はやく おちる ことになる。それは おかしい。

はやく おちる 重い 玉と、ゆっくり おちる かるい 玉を つなげた とき、重い 玉よりも はやく おちるように なるのは おかしい。

実験を 大切に した 大科学者たち ❷
ニュートン
（1642～1727年　イギリス）

近代 最大の 科学者

　ニュートンは、ちょうど ガリレオの 死んだ 年に イギリスで 生まれました。「万有引力の 法則」「光の 性質」「微分・積分（数学の一分野）」と いう 3つの 大きな 発見を した、近代 最大の 科学者と いわれて います。ニュートンは、この 発見の もとに なる 考えを、23～25さいの、やく 1年半で 思いついたと いいます。

りんごは おちるのに、なぜ 月は おちない？

　3つの 発見の うちの「万有引力の 法則」とは、この 世界の すべての ものは、おたがいに 引き合っている、という きまりごとです。
　ニュートンは この 発見を、りんごが おちるのを 見て 思いついたと いわれます。りんごが おちるのに、なぜ 月は おちて こないのだろうと 考え、その 考えを どんどん ふかめて いったのです。
　この ように、頭の なかで 行う 実験を「思考実験」と いいます。ニュートンは 思考実験の すえ、目に 見えない 小さな ものから 宇宙の ように とてつも なく 大きな ものまで 通じる、「力」と「運動」の 法則を つきとめました。そして それを、数学の 式に まとめたのです。
　いま わたしたちが 中学校で 勉強する 理科の 多くは、ニュートンが 発見した ことが もとに なって います。

光の 実験を する ニュートン。太陽の 光は、プリズムと いう 三角柱の ガラスを 通すと、にじ色に 分かれる ことが わかった。

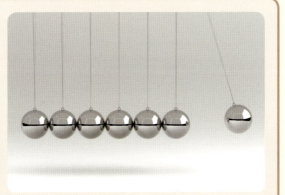

いちばん 左の 玉を 1こ ぶつけると、いちばん 右の 玉が 1こ うごく。これは ニュートンの 考えた「力」の 法則で せつめいする ことが できます。22ページを 見ましょう。

NEWTON AND HIS PIPE.

家の にわの りんごの 木の 下で、おちる りんごを 見る ニュートン。

？花が2色なのはなぜ？

キッチンで科学マジック

ひとつの 花が、まん中で 赤と 青に 分かれて います。

こんな 科学マジックもやって みよう

セロリを 色水に さします。セロリの 色が かわったら、くきを 切って みましょう。色が ついて いる ところは、セロリが 水を すい上げる くだです。いろいろな 植物で ためして みましょう。

くきを 2つに さいて
2つの 色水に つけると、
それぞれの 色水が くきから 花に
すい上げられます。その 色水は、
花びらの 中に ある くだを 通る ため、
色水で 花が そまるのです。

❗ 2色の色水をすい上げた

やり方
2つの コップに 水を 入れます。食べにを 入れて よく かきまぜ、色水を 作ります。

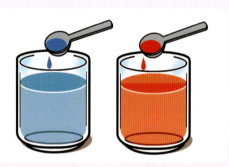

白い 花の くきの 下の 方を、カッターで 2つに 切ります。

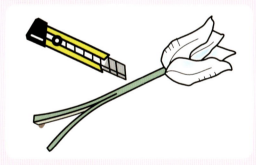

切った くきを、それぞれの 色水に 入れます。そのまま 1日くらい おくと、花の 色が かわります。

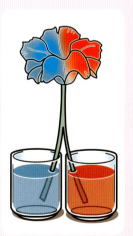

おうちの 人と いっしょに じっけんしましょう。
手を 切らないように ちゅういしましょう。

キッチンで科学マジック

❓ どうして 10円玉が きえるの？

コップの 下に おいた 10円玉は、コップに 水を 入れると きえて しまいます。

スマホで 見て みよう。

こんな 科学マジックも やって みよう

コップの 下に おいた 10円玉を、ぬれた 手で さわって ぬらします。それを 水の 入った コップの 下に おきましょう。こんどは、10円玉が きえません。

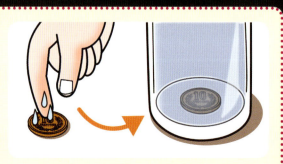

お金を つかう じっけんは、おうちの 人に ことわってから やりましょう。

！水が 光を はねかえしたから

ものが 見えて いる ときは、ものに 当たって はねかえった 光を 見て います。水が 入って いない ときは、光が 空気の 中を すすみ、わたしたちの 目に 入って きます。しかし、水を 入れると、水が 光を はねかえし、光の すすむ 向きを かえます。それで、光が 目に 入って こなく なるのです。

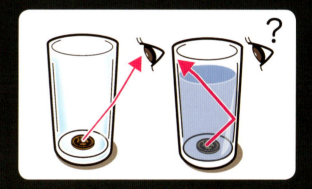

やり方

かわいた 10円玉を コップの 下に おきます。そして、コップに 水を そそぎます。

キッチンで科学マジック

❓ どうしてえんぴつが切れるの？

水に まっすぐ さしこんだ えんぴつは、水面で 切れて 見えます。

スマホで見てみよう。

水が 光を まげる

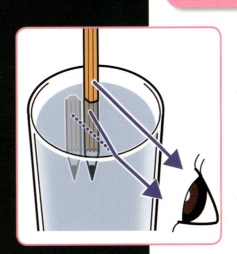

わたしたちは、ものに 当たって はねかえった 光を 見て います。光は、べつの ものを 通る とき、まがる せいしつが あります。コップの はしに えんぴつを 入れると、丸みの ある コップと 水に よって、光の すすむ 向きが まがります。それで、水面を さかいに、えんぴつが 切れて 見えるのです。

こんな 科学マジックも やって みよう

水の 入った コップに、えんぴつを ななめに 入れます。水に 入る ところで、えんぴつが まがって 見えます。これも 光が まがるからです。

やり方 コップに 水を 入れます。コップの はしに えんぴつを 上から まっすぐ 水に さしこみます。これを コップの よこから 見ます。

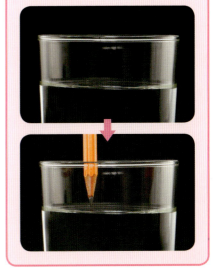

43

キッチンで 科学マジック

？ どうして 1円玉が うくの？

コップの 水に、1円玉が ういて います。
まわりの 水は へこんで います。

スマホで 見てみよう。

1円玉は アルミニウムと いう 金ぞくで つくられて います。
1円玉の おもさは 1グラムと とても かるいです。

お金を つかう じっけんは、おうちの 人に ことわってから やりましょう。

水は、「ひょうめんちょう力」という 力を もって います。その 力で、1円玉は 水面に しずみこんで います。1円玉が おしのけた 水の 分だけ うく 力が はたらき、1円玉は 水に うきます。

「ひょうめんちょう力」が はたらくから

やり方
かわいた 1円玉を つまんで 水面近くまで もって いき、そっと ゆびを はなしましょう。手は よく あらい、あぶら分を とってから やりましょう。

こんな 科学マジックも やって みよう
コップに 1円玉が ういて いる ところに、台所せんざいを 1てき たらします。すると、1円玉は するっと しずみます。ひょうめんちょう力が はたらかなく なるからです。

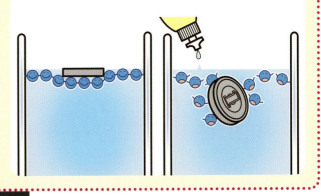

キッチンで 科学マジック

？ なぜ 水が おどって いるの？

ワイングラスから 水しぶきが 上がり、
まるで おどって いるようです。

スマホで 見て みよう。

ワイングラスの ふちを ゆびで こすると、全体が きまった ふるえ方で ふるえます。その ふるえが、水に つたわって、水が はじけとんで、おどって いる ように 見えるのです。

こんな 科学マジックも やって みよう

ワイングラスなどに 水を 入れて、ゆびで こすると、音が 出ます。水の りょうを かえると、音の 高さが かわります。

！ ワイングラスを こすって ふるわせたから

やり方 ゆびを すこし ぬらして、水を 多めに 入れた ワイングラスの ふちを、同じ 向きに ぐるぐる こすって みましょう。もう かた方の 手で、台を しっかりおさえて やりましょう。

47

キッチンで科学マジック

❓ なぜ 水が こぼれないの？

水の 入った コップが さかさまなのに、こぼれません。下には 紙が 1まい ある だけです。

スマホで 見て みよう。

わたしたちの まわりには、空気が あります。空気が 紙を 下から おす 力と 水の ひょうめんちょう力の 力で、こぼれません。

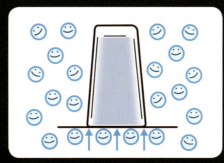

! 空気が はがきを おして いる

やり方

ふちが たいらな コップに、水を いっぱい 入れます。

コップの 口よりも 大きい はがきくらいの あつさの 紙を のせ、おさえながら さかさまに します。

しずかに 手を はなします。

こんな 科学マジックも やって みよう

クリアファイルを、コップの 口より 大きく 切ります。まん中に ひもを つけます。ふちが たいらな コップに、水を いっぱい 入れ、かぶせます。そっと 引き上げると、コップごと もち上がります。

49

水が まがるのは なぜ？

キッチンで 科学マジック

スマホで 見て みよう。

ふつう ま下に おちる 水道の 水が、
じょうぎの 方に まがって います。

50 　この じっけんは、しつどが ひくい 冬に やると、よく できます。

電気には、プラスとマイナスがあります。
プラスとマイナスは、たがいに引きよせ合います。
じょうぎにはマイナスの電気がたまっていて、
それを水に近づけると、水のプラスの電気が
引きよせられるのです。

電気が水を引きよせる

やり方 プラスチックのじょうぎを、かわいた化学せんいのぬのでこすります。ほそく出した水道水に近づけてみましょう。

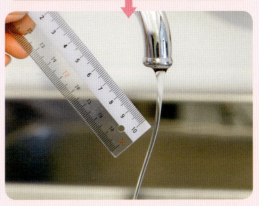

こんな科学マジックもやってみよう

にづくりひもを切って、先をむすびます。むすんでいない方を、細かくさき、クラゲのような形にします。それを空中になげ上げ、ぬのでこすったじょうぎを近づけます。すると「クラゲ」がふわふわうき上がります。

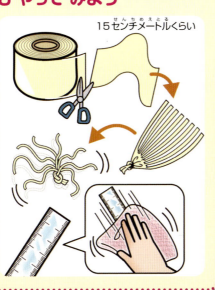

15センチメートルくらい

51

？ なぜ こおりが つれるの？

キッチンで 科学マジック

糸を こおりに つけて 引っぱったら、こおりが くっついて きました。

スマホで 見てみよう。

塩が こおらせた

こおりは 塩に ふれると とけます。
とけるとき、まわりから ねつを うばうので
塩を かけた ところ いがいの こおりの
おんどが 下がり、糸と こおりが くっつきます。

やり方

糸の 先を こおりの 上に たらします。

こおりの 上に のった 糸の 先に、塩を かけます。

10びょうくらいして、糸を 引き上げると、こおりが 糸に ついて もち上がります。

こんな 科学マジックも やって みよう

レジぶくろに、くだいた こおりと 塩を 入れて かきまぜます。じょうぶで、きれいな ビニールぶくろに ジュースを 入れて、口を しっかり しばりましょう。

レジぶくろの 中に ジュース入りの ビニールぶくろを 入れて 口を しっかり しばります。手ぶくろを して、外から はげしく もみましょう。3分くらいで ジュースが シャーベットに なります。

キッチンで科学マジック

❓ なぜ いろいろな 色に なるの?

紙に 黒い インクを つけ、紙を 水に つけると、色が かわります。

黒い 水せいペンの インクには、いろいろな 色が まざって います。色に よって、水への とけやすさや、紙への つきやすさが ちがいます。水に とけやすい 色は、とけて 水と いっしょに どんどん のぼって いきます。紙に つきやすい 色は、紙に くっついて あまり のぼって いきません。

！インクは いろいろな 色が まざって いる

やり方

ろ紙（コーヒーの 白い フィルターなど）を 細く 切り、はしから 1センチメートル くらいの ところに、黒の 水せいペンで ●を かきます。それを わりばしに はさみます。

水を 少し 入れた コップに つるします。水の りょうは、紙の 先が つく くらいで、●に 水が つかない ように 注意しましょう。

その ままに して おくと、インクが いろいろな 色に 分かれて 広がって いきます。

こんな 科学マジックも やって みよう

茶色や 緑色など、いろいろな 色の 水せいペンでも やって みましょう。その ほか、しゅるいの ちがう 水せいペンでも やって みましょう。ペンに よって ちがう 色が 広がる ことが あります。

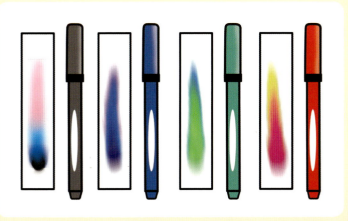

？キッチンで 科学マジック

どうして にんじんから 水が 出るの？

切った にんじんから、水が どんどん 出て きて います。

切った にんじんの 表面は、少し しめって います。ここに 塩が とけると、こい 塩水に なります。外がわと 中とで、こさを 同じに しようと する はたらきが ある ため、にんじんの 中から 水が 出て くるのです。

! 塩が 水を さそい出す

やり方
にんじんを 切って塩を ふりかけ、しばらく おいて おきます。

こんな 科学マジックも やって みよう
だいこんや きゅうりなど、ほかの やさいを 切り、塩を ふりかけて、水が 出る りょうを くらべて みましょう。

キッチンで科学マジック

? どうして お米が もち上がるの？

お米が 入った 牛にゅうびんに わりばしを さすと、もち上がります。

スマホで見てみよう。

お米が はしを おして いる

牛にゅうびんに、お米が ぎゅうぎゅうに つまって います。はしを つきさすと、お米は おしのけられないように、はしを おします。はしは お米に おされて、ぬけなく なります。それで、お米は びんごと もち上がるのです。

やり方

牛にゅうびんに お米を いっぱいに 入れます。お米に わりばしの 太い 方を さします。この とき、少し ゆらしながら、ふかく さしこんで いきます。そして ゆっくり 引き上げます。

こんな 科学マジックも やって みよう

ざっしや でんわちょうを、2さつ 用意します。こうごに 1まいずつ かさね合わせます。ずれないように して、かさねる めんを できるだけ 大きく します。本の せを もって、左右に 引いて みましょう。本は はなれません。これも まさつの はたらきです。

キッチンで科学マジック

❓ なぜ 水の出方が ちがうの？

スマホで見てみよう。

上より 下の あなの 方が、いきおい よく 水が 出て います。

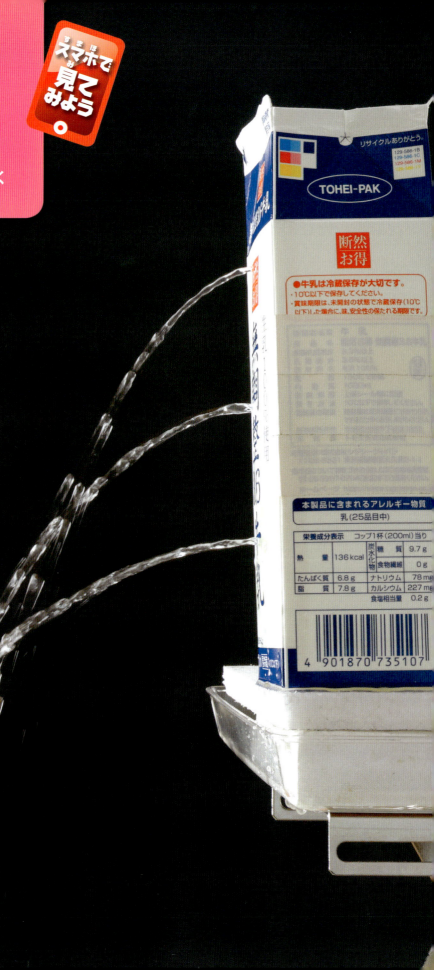

上と 下の あなでは、水面からの ふかさが ちがいます。あなから 出る 水は、その あなより 高い ところに ある 水に おされて 出て きて います。下の あなから 出る 水は、たくさんの 水に おされるので、水は いきおい よく 出ます。

!下の あなが おし出す 力を よく うける

やり方 1リットルの 空の 牛にゅうパックの 口を ひらき、ぬれても よい ところに おきます。3つ あなを あけ、上から すばやく 水を 入れます。水の 出方を 見て みましょう。

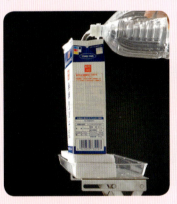

こんな 科学マジックも やって みよう

水を 入れた バケツを、台の 上に おきます。水を 入れた ホースを 用意し、ホースの 先を バケツに 入れます。もう 片方の 先を、バケツの 水面より 下に もって いきます。すると、バケツの 水が、ホースから ながれ出します。

水を 入れた ホースを 用意し、水を 入れた バケツと 空の バケツを ならべます。ホースの 一方を、水の 入った バケツに 入れ、もう 一方を 空の バケツに 入れます。水が 空の バケツに ながれ出し、同じ 水の 高さに なると、止まります。

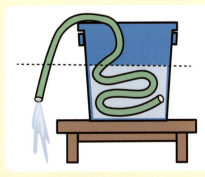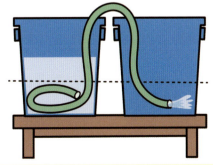

キッチンで 科学マジック

❓ 水の だんごが できるのは なぜ？

ゆびと じゃ口の 間に、水の でこぼこが できて、だんごの ように なります。

スマホで 見て みよう。

水の ながれが せき止められる

ゆびを ながれの 中に 入れると、水の なめらかな ながれを せき止める ことに なります。ゆびと じゃ口の 間の 水が ふくらみ、ひょうめんちょう力で 丸く なるのです。

やり方
水道の じゃ口から、水を 細く 出し、出て くる 水に 指を 当てます。じゃ口 すれすれに ゆびを もって いくと、だんごは 1こですが、少し はなすと、だんごの 数は ふえて いきます。

水の ひょうめんちょう力

水は、小さい つぶが あつまって できて います。小さい つぶは、おたがいが 引っぱり合って 小さく まとまろうと する せいしつが あります。この 力を「ひょうめんちょう力」と いいます。

こんな 科学マジックも やって みよう

コップと ビー玉を 用意します。コップ いっぱいに 水を 入れます。そこに ビー玉を しずかに 入れて いきましょう。

ビー玉を どんどん 入れて いくと、コップの 水は、ふちより もり上がって、こぼれそうです。でも、なかなか こぼれません。

キッチンで 科学マジック

? なぜ 水は うずまきの 方が はやく 出るの？

スマホで 見て みよう。

ペットボトルの 水は、ただ さかさまに するより まわした 方が はやく 出ます。

64

! うずまきから入った空気が水をおし出す

ペットボトルを まわすと、中に うずまきが できます。その まん中に、あなが あきます。その あなは、空気の通り道に なります。そこから 空気が 中に 入り、中から 水を おすので、水が はやく 出ます。

やり方

水の 入った ペットボトルを 手で ふさいで さかさまに して、まわします。

うずまきが できたら、ふさいで いた 手を はずします。すると、水が いきおい よく 出ます。

うずまきが ないと…

ペットボトルの 中に うずまきを つくらないと、中に 入って いく 空気の りょうが 少なく なります。中から 水を おす 空気が 少ないので、水が はやく 出ません。

こんな 科学マジックも やって みよう

ペットボトルに 水を 入れます。台所用せんざいを 少し 入れます。ふたを して さかさに します。回すと、中に たつまきが できます。

65

キッチンで科学マジック

❓ どうして紙がひらくの？

おりたたんだ紙を水にうかべると、花のようにひらいていきます。

スマホで見てみよう。

紙は、糸の ような せんいが からまって できて います。紙の せんいは、水を すうと まっすぐに のびます。新聞紙の 花びらの、おりたたんだ ところが、水を すって のびると、おり目が ひらいて、花のように ひらきます。

！ 紙の せんいが 水を すって のびる

やり方

新聞紙を 四角に 切り、2回 おります。

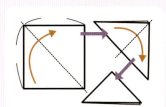

ひらいて まん中に 向かって おります。

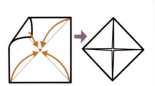

水に うかべます。

いろいろな 紙で ためして みましょう。

こんな 科学マジックも やって みよう

紙の ふくろに 入った ストローを 用意します。ふくろから ストローを 出すときに、紙を じゃばらのように ちぢめて 出します。

ちぢめた 紙に 水を 1てき たらします。すると、ちぢめた ふくろが もぞもぞと うごきながら のびて いきます。

？ どうして あみから 水が こぼれないの？

キッチンで科学マジック

あみじゃくしには、あなが たくさん あいているのに、水が こぼれません。

スマホで見てみよう。

水が 入った コップを さかさまに すると、あみ目に 水が はります。水に ひょうめんちょう力と いう 力が はたらいて いるからです。また、あみ目に はって いる 水を、下から 空気が おして いるので、水は こぼれません。

あみの 目の 水を、空気が おしている

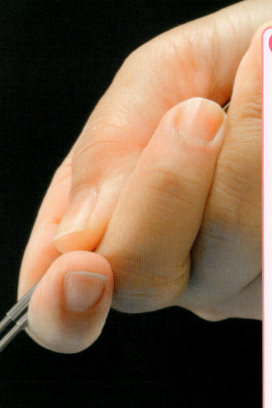

やり方

コップに あふれる くらい 水を 入れます。あみじゃくしで ふたを して、手のひらを かぶせ、全体を おさえます。

そのまま ひっくりかえします。少し 水が こぼれますが、気に しないで ください。

水が こぼれなく なったら、ふさいで いた 手を そっと はずします。

こんな 科学マジックも やって みよう

しょうゆなどが 入って いた、口の 小さい ボトルを 用意します。水を 入れて さかさまに して みましょう。水が なかなか 出て きません。

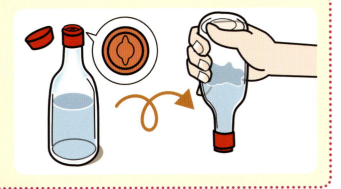

キッチンで科学マジック

？ どうして10円玉がきれいになるの?

10円玉が、半分だけ きれいに なって います。どうしたのでしょう。

ひょうめんに できる「さんかどう」の まく

10円玉は、ほとんどが どうで できて います。どうは、空気に ふれると、ひょうめんが さびて、「さんかどう」と いう まくを つくる ため、黒ずみます。また、つかって いる うちに よごれが ついて、色が かわって きます。

お金を つかう じっけんは、おうちの 人に ことわってから やりましょう。

レモンの 中には、クエン酸などの 酸が たくさん ふくまれて います。
酸は、10円玉の ひょうめんに できた 黒い さんかどうを とかすので、
10円玉が きれいに なります。

! レモンじるは よごれを きれいに する

やり方 10円玉に レモンじるを かけます。しばらく おいてから、こすって みましょう。

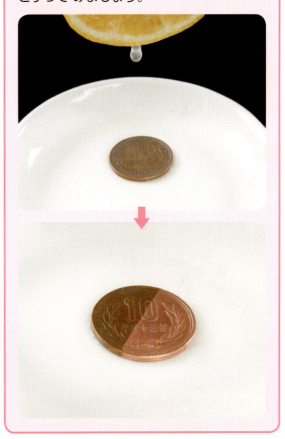

こんな 科学マジックも やって みよう

ソースや しょうゆ、すを 10円玉に かけます。しばらく おいてから こすると、きれいに なります。ひょうはくざいを かけると 黒っぽく なります。

台所用 ひょうはくざい

71

キッチンで科学マジック

❓ なぜ 色水が ひっこして いくの?

コップどうしを ティッシュで つなぐと、水が ひっこしを はじめます。

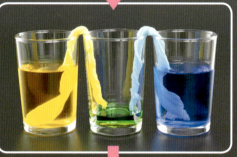

水は せまい すきまを のぼる ことが できます。ティッシュペーパーの すきまを 水が のぼり、となりの コップに ひっこしたのです。

水は 細い すきまを のぼって いく

やり方
コップを 3つ 用意し、2つに 水を 入れます。しゃしんでは 食べにで 色を つけました。

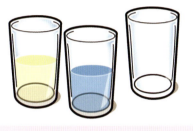

ティッシュペーパーを ひものように ねじり、コップどうしを つなぎます。

こんな 科学マジックも やって みよう

ぬれても いい はこで、3だんの かいだんを 作ります。それぞれの だんに コップを 1こずつ おきます。ティッシュペーパーを 細長く ねじって、コップどうしを つなぎます。いちばん 上の コップだけに、水を 入れます。7時間くらい すると、水が ティッシュペーパーを つたわって、中だんの コップ、いちばん 下の コップへと ひっこして いきます。さいごには、いちばん 下の コップに 水が ぜんぶ ひっこします。

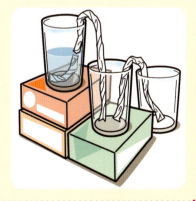

？キッチンで 科学マジック

どうして たまごに からが ないの？

たまごが うすい まくで おおわれて からが ありません。

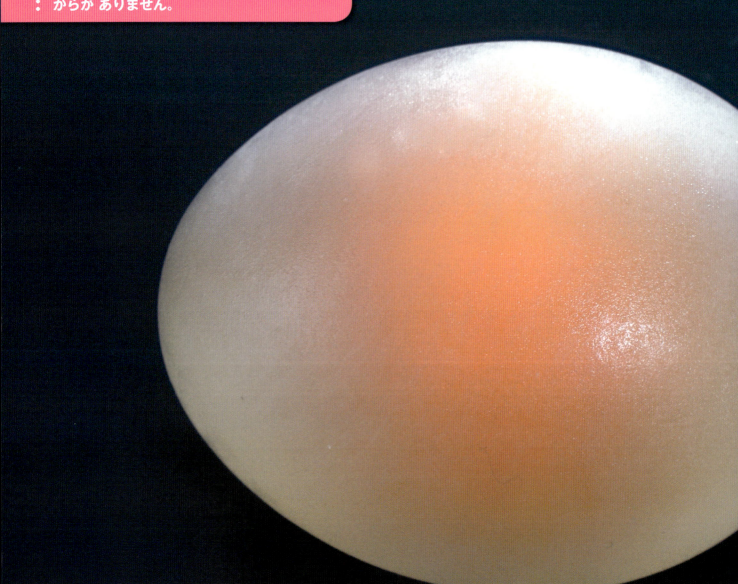

たまごの からは、おもに たんさんカルシウムで できて います。すには、たんさんカルシウムを とかす はたらきが あります。たまごを すに つけて おくと、すで からだけが とけて しまうのです。

すが からを とかした

やり方
たまごを びんに 入れて、すを そそぎます。そのまま れいぞうこに 3日くらい 入れて おきます。

こんな 科学マジックも やって みよう

からが とけた たまごを、水に つけて おくと、うすかわから 水が 入りこむので、もとの たまごより 大きく なります。（からが とけた 後、すに つけた ままに して おいても、すの 水分が 入りこんで 大きく なります。）
その たまごを しょうゆに つけて おくと、こんどは 水が 出て いって、小さく なります。

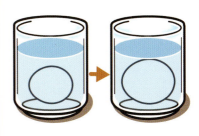

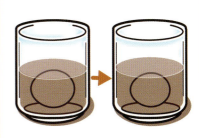

キッチンで科学マジック

❓ なぜ たまごが ういて いるの?

コップの まん中あたりで たまごが うごきません。

スマホで 見てみよう。

たまごは、何も とかして いない 水に
しずみますが、こい 塩水には うきます。
コップの 下の 方には、こい しお水が 入って いるので、
たまごは ういて います。その 上に 水を 入れると、
たまごは うごかないで、コップの まん中に
ういて いる ように 見えます。

塩水に たまごが うく ひみつ

　なぜ、たまごが 水に しずみ、こい 塩水に うくのでしょう。
たまごを 水に 入れた とき、たまごは 水を おしのけます。
その おしのけた 水の おもさが、たまごの おもさより かるいと、
たまごは しずみます。塩水は、水に 塩が とけて いるので、
何も とかして いない 水より おもく なって います。
たまごを 塩水に 入れた とき、たまごが おしのけた
塩水の おもさが たまごより おもいと、たまごは うきます。

！ 上は 水、下は 塩水 だから

やり方

たまごが 入る
大きさの コップに、
水を 100ミリ
リットル 入れ、
塩を 25グラム
くらい とかします。

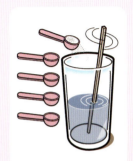

たまごを
うかべます。

水を しずかに
そそぎます。

こんな 科学マジックも やって みよう

　水に しずむ ぶどうや ミニトマト、
にんじんなどで じっけんして みましょう。
コップに 水を 入れ、塩を 少しずつ
とかして いきます。しずんで いた ものが、
かるい じゅんに、だんだんと ういて いきます。

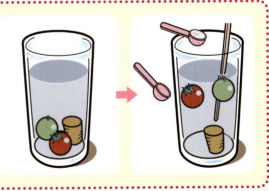

77

キッチンで 科学マジック

❓ なぜ たまごが すいこまれるの？

ゆでたまごが、牛にゅうびんの 中に すいこまれて いきます。

スマホで 見てみよう。

78

空気は、あたためると ふくらみ、ひやすと ちぢみます。牛にゅうびんを あたためると、中の 空気が あたたまります。ゆでたまごを 口に のせて ふさぎ、びんを ひやすと、びんの 中の 空気が ちぢみ、ゆでたまごが 中に すいこまれるのです。

> ！ **中の 空気が 引っぱって いる**

やり方

あつい 湯に、牛にゅうびんを つけて、あたためます。牛にゅうびんが あつく なったら、からを むいた ゆでたまごを ふたを するように のせます。

手ぶくろを はめて、たまごを のせた 牛にゅうびんを もち、つめたい 水に つけます。

牛にゅうびんが ひえて くると、ゆでたまごが びんの 中に すいこまれて いきます。

 →  →

こんな 科学マジックも やって みよう

ひやした びんに 色を つけた 水を 少し 入れ、ストローを さします。びんの 口を ねんどで ふさぎます。びんを りょう手で つつんで あたためて みましょう。色水が ストローを 上がって いきます。手を はなすと、色水が 下がります。

かならず おうちの 人と じっけんしましょう。やけどを しないように ちゅういしましょう。

キッチンで科学マジック

❓ 同じ 方を 向いて いるのは なぜ？

はっぽうスチロールに さした はりが、ぜんぶ 同じ 方を 向いて います。

80　おうちの 人と いっしょに じっけんしましょう。けがを しないように ちゅういしましょう。

ちきゅうは、大きな じしゃくです。
北極に S極、南極に N極が あります。
水に ういて いる はりは、じしゃくに
なって います。それで、北極の 方に N極が、
南極の 方に S極が 引きつけられて います。
ぜんぶ 同じ 方向を 向いて いるのは、そのためです。

！ はりが じしゃくに なって いるから

やり方 はりを じしゃくで 同じ 向きに 10回くらい こすります。れいぞうこなどに メモを はる ための じしゃくでも できます。

はっぽうスチロールに さして、水に うかべます。こおりの 上に おいても よいでしょう。

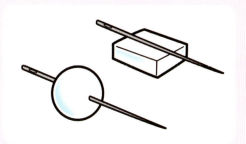

こんな 科学マジックも やって みよう

100円ショップなどに 売って いる じしゃくを、細かく くだいて、プラスチックの 小さな ケースに 入れます。
よく ふります。クリップなどに 近づけても、くっつきません。もう じしゃくでは ありません。
ほかの じしゃくを くっつけてから、クリップや はりに 近づけると、くっつきます。

細かく くだけない ときは、ラップに くるんで、じしゃくに 何回か 当てて みましょう。

かならず おうちの 人に やって もらいましょう。　81

キッチンで科学マジック

？どうしてたまごが立つの？

テーブルの 上に、まるい たまごが立って います。

スマホで見てみよう。

たまごの 表面には、でこぼこが あります。

! からの 小さな でこぼこが ささえている

　たまごの からの ひょうめんは、でこぼこして います。その でこぼこが 足の やくわりを して、立ちます。生たまごで じっけんしましょう。ゆでたまごは、中の 黄みが まん中に ないと、なかなか うまく 立ちません。

やり方　生たまごを 用意します。たまごを りょう手で もち、そっと 台の 上に 立てます。根気 よく、うまく バランスを とります。そして、そっと 手を はなして みましょう。

こんな 科学マジックも やって みよう

　ゆでたまごを 用意します。よこに して、左右を ゆびで ささえます。そして ゆびを つかって、たまごを いきおいよく かいてんさせましょう。はやく かいてんさせると、たまごが 立ち上がります。

くるくる…

83

キッチンで科学マジック

なぜ しょうゆ入れが うごくの？

スマホで 見て みよう。

水の 入った ペットボトルを 強く にぎると しょうゆ入れが しずみます。

！手で おすと うく 力が 弱く なる

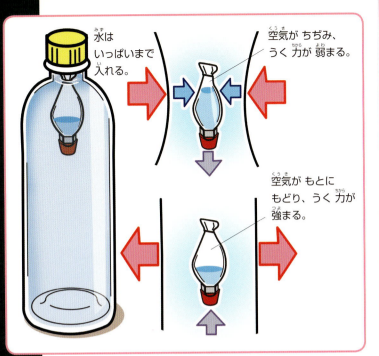

ペットボトルを 強く にぎると、しょうゆ入れの 中の 空気が ちぢみます。空気が ちぢむと、うく 力が 弱くなって しょうゆ入れは しずみます。

やり方

しょうゆ入れの 口に、ナットや ワッシャーを つけ、水を 入れます。コップの 水に うかべて、しっぽが 出るくらいの おもさに ちょうせつします。水を 入れた ペットボトルに、しょうゆ入れを 入れます。ペットボトルを 強く にぎって みましょう。

こんな 科学マジックも やって みよう

しょうゆ入れの かわりに ストローでも 作れます。7センチメートルくらいに 切り、半分に おります。先を あわせて クリップで とめ、べつの クリップを つけ、うくように 重さを ちょうせつします。

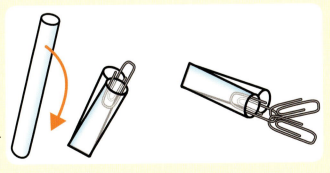

85

キッチンで 科学マジック

❓「夕やけ」が見られるのはなぜ？

ペットボトルの 中が、「夕やけ」の ように オレンジ色に なって います。

どうして 夕やけは 赤いの？

　太陽の 光には、いろいろな 色が ふくまれて います。その 中の 青い 光は、空気中で すぐに ちらばります。赤い 光は ちらばりにくく、とおくまで とどきます。夕方の 太陽の 光は、ちきゅうの 空気を 通る きょりが 長く なります。それで とおくまで とどく 赤い 光が のこって、赤い 夕やけが 見られます。昼間は、空気を 通る きょりが みじかいので、ちらばりやすい 青い 光が 目に 入り、空が 青く 見えます。

！赤い 光が とおくまで とどく

　ペットボトルには、水と 牛にゅうが 入って います。そこから 光を 当てると、光は 牛にゅうの しぼうなどの つぶに 当たって ちらばります。赤い 光は ちらばりにくいので、とおくまで とどきます。それで ペットボトルの 上の 方は、夕やけと 同じように 赤く 光ります。

やり方
　2リットルの ペットボトルに 水を 入れ、牛にゅうを 1てき まぜます。

　へやを くらくして、かい中電とうで、そこの 方から 光を 当てます。

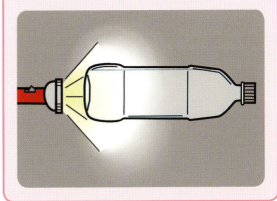

こんな 科学マジックも やって みよう

　じっけんで つかった ペットボトルを、くらい へやで よこから 光を 当てて みましょう。中の 水が 青白く 光ります。青い 光は すぐに ちらばるからです。これは 昼間の、太陽と ちきゅうの いちに にて います。

なぜ 水が もり上がったの？

キッチンで 科学マジック

コップを 水に 入れて ひき上げると、水が もり上がります。

コップの 口を 水から 出さない かぎり、中の 空気は、出たり 入ったり できません。コップの 中の 空気の りょうは、コップを もち上げても かわらないので、水が いっしょに もち上がって くるのです。

❗ 空気の りょうは かわらない

スマホで 見てみよう。

やり方 コップを よこに して、水に 入れます。水を 半分くらい 入れて、コップを さかさまに します。コップの そこを もって、引き上げたり、しずめたり して みましょう。

こんな 科学マジックも やって みよう

かんづめの 空きかんや コップなどに、プラスチックの いたを 手で かぶせます。水そうに、手で いたを おさえたまま しずめ、よこに して、水中で 手を はなします。中に 空気が あっても、水が おして いるので いたは、はなれません。

はじめは 横に して、ゆっくり 立てて みましょう。

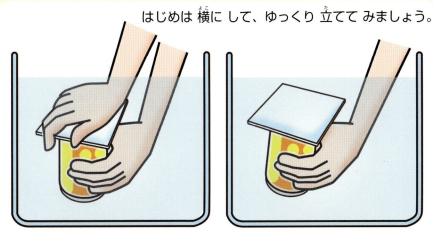

89

キッチンで科学マジック

❓ どうして王かんの形がちがうの？

牛にゅうと水にしずくをたらすと、はねかえる形がちがいます。

牛にゅうでできた王かん
高さのある、ととのった形になります。

90　ハイスピード撮影ができるデジタルカメラだと、かんさつできます。

えきたいの 上に、スポイトで しずくを 1てき たらします。おちた しずくは、わの 形の なみを おこし、王かんの 形に なります。
牛にゅうには、水と ちがい、いろいろな ものが まざって いるので ねばりけが あります。ねばりけが あると、形が くずれにくく、きれいな 王かんの 形に なります。

牛にゅうに ねばりけが ある

やり方
牛にゅうを あさい おさらに 入れ、牛にゅうを 50センチメートル 以上の 高さから 1てき たらします。

同じように、水でも かんさつ して みましょう。

水で できた 王かん
高さが ひくくて、王かんの 形は、あまり ととのって いません。

こんな 科学マジックも やって みよう
王かんの 形が できるのは、いっしゅんです。どろっとした のむ ヨーグルトを まぜると 見やすいでしょう。ふかさを かえて ためして みましょう。

91

? なぜ こう茶の 色が かわるの?

こう茶に レモンを 入れると、色が うすく、赤っぽく なります。

こんな 科学マジックも やって みよう

こう茶に、はちみつを 入れて みましょう。色が こく なります。それは、こう茶に ふくまれる タンニンが、はちみつに ふくまれる てつぶんと むすび ついて 黒く なるからです。

紅茶や はちみつの しゅるいに よって、色の かわり方は ちがいます。

レモンには、クエン酸と いう酸が入って います。酸は、こう茶の 色の もとを、うすい 色に かえます。それで、こう茶の 色が かわったのです。

！レモンの 酸が 色を かえた

やり方
こう茶を いれます。　　レモンを 入れると、色が かわります。

キッチンで科学マジック

❓ どうしてレモンで光るの？

レモんに つないだけで、明かりが ついて います。電池は ありません。

金ぞくの いた

発光ダイオード

レモンには、どうと あえんと いう、金ぞくの いたが さして あります。レモンの しるは、あえんを とかします。あえんが とけると、どうの いたへ 電気が ながれます。その 電気が 発光ダイオードを 光らせます。

金ぞくが とけ、電気が ながれた

やり方
レモンを 切って おさらに のせ、あえんの いたと どうの いたを さします。それを どうせんで つなぎます。どうせんの 先に 発光ダイオードを つなぎます。

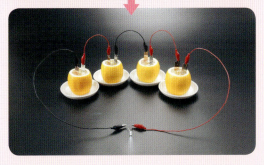

こんな 科学マジックも やって みよう
みかんや バナナなどでも、発光ダイオードの 明かりが つけられます。いろいろな くだもので、ためして みましょう。

つかった くだものは、金ぞくが とけ出して いるので、食べては いけません。 95

実験を 大切に した 大科学者たち ③
ファラデー
（1791〜1867年　イギリス）

わたしたちの 生活に かかせない 電気

今の わたしたちの 生活は、電気なしでは なり立ちません。電気を つくり、つくった 電気で ものを うごかしたり 光を 出したり、音を 出したり して います。この しくみを 考え出したのが、ファラデーです。

小学校しか 行けずに はたらく

兄弟が 多く、まずしい 家に 生まれそだった ファラデーは、小学校に しか 通う ことが できず、本を つくる 工場に はたらきに 出ました。

いっしょうけんめい はたらく ファラデーに 感心した 主人は、工場の 本を 自由に 読む ことを ゆるしました。

ファラデーは 大よろこびで、本を むさぼる ように 読みました。とくに すきなのが、科学の 本でした。

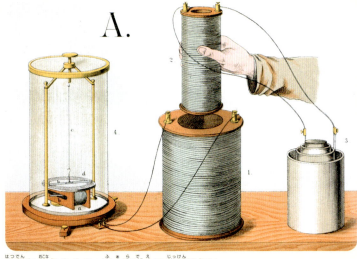

発電を 行う ための、ファラデーの 実験そうち。

科学の 講演を 聞いて 感動

そんな ファラデーを 知った 主人の 友人の ひとりが、ファラデーに 科学講演の チケットを プレゼントしました。それは、国の 有名な 「王立研究所」の 科学者 デービーが、大ぜいの 人びとの 前で、科学の 話と 実験を する 会でした。

科学の おもしろさと すばらしさに むねを うたれた ファラデーは、聞いた 内容を むちゅうで ノートに まとめました。そして それを、感動の 気持ちを 書いた 手紙と いっしょに、デービーに 送ったのです。

デービーの 助手に なり、電気を 研究

まとめ方の うまさに デービーは 感心し、これが きっかけで、ファラデーは デービーの 助手に なる ことが できました。

その ころ、方位じしゃくの 近くで はり金に 電流を ながすと、

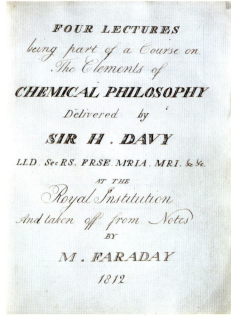

ファラデーが 科学者の デービーに 送った ノート。

はりが うごく ことが 知られて いました。
「じしゃくと 電気の 力で、ものを うごかす しくみが できる はずだ。」
そう 考えた ファラデーは、電気を 研究し、実験を かさねました。

モーターと 発電機の もとを 発明

努力が みのり、ファラデーは、電気の 力を、ものを うごかす 力に かえる ことに 成功しました。これが 今で いう、モーターの はじまりと なりました。
さらに ファラデーは、
「はんたいに じしゃくを うごかす ことで、電気を つくる ことが できる はずだ。」
と 考え、発電機の もとに なる そうちを つくり上げたのです。

科学の すばらしさを 広めたい

ファラデーは、王立研究所の 大科学者に なりました。
自分が ここまで こられたのは、まわりの 人たちの おかげだったと、ファラデーは 感謝の 気持ちで いっぱいでした。
「自分が 感動した 科学の すばらしさを、たくさんの 人たち、とくに 子どもたちに 伝えよう！」
そう 考えた ファラデーは、クリスマスに 科学の 講演を 行ったのです。
講演は 全部で 19回 行いました。その なかで、1860年に 行った 講演内容は、『ロウソクの 科学』と いう 本に まとめられ、その後 世界で 売られました。

クリスマス講演を 行う ファラデー。

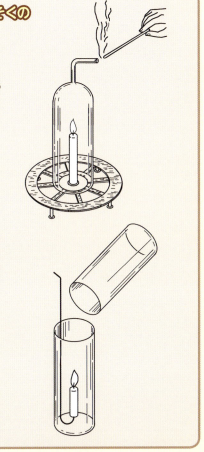

ファラデーの ろうそくの 実験の ひとつ

燃える ろうそくから 出た 気体に 火を 近づけると 消える。

取り出した 気体を 集めた びんを、燃える ろうそくに ふりかけるように すると、火が 消える。

ものは 燃えると、空気よりも 重い 二酸化炭素が 出ると 説明した。

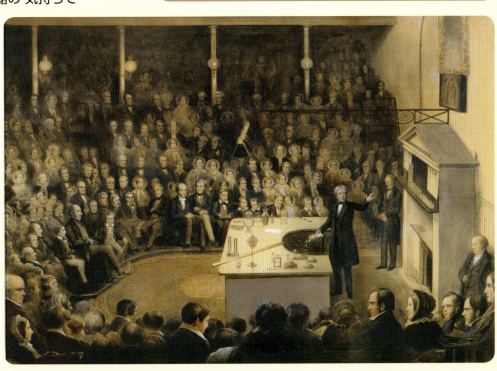

キッチンで 科学マジック

? **なぜ シャボンが ふくらむの？**

手で にぎった びんの 口で、シャボンが ふくらんで います。

スマホで 見て みよう。

98

空気は、あたためると ふくらみます。
びんを 手で にぎって いると、手の ねつで、
びんの 中の 空気が ふくらみます。
ふくらんだ 空気が シャボンを おして、
ふくらませたのです。

❗ ねつで びんの 中の 空気が ふくらんだ

やり方
石けんを 水に とかします。 びんの 口を かるく ひたし、シャボンの まくを 作ります。 手で びんを にぎって あたためます。

手が つめたい ときは、お湯などで 手を あたためて おこう。

こんな 科学マジックも やって みよう

びんを れいぞうこで ひやします。 ひやした びんの 口を ぬらします。 口の 上に 10円玉を のせ、 びんを 手で あたためます。 10円玉が うごきます。

99

キッチンで 科学マジック

❓ なぜ ボートが すすむの？

さわって いないのに、水の 上を ボートが かってに すすみます。

スマホで 見てみよう。

はみがきこが とける 力で すすむ

水の ひょうめんでは、水の つぶが ひょうめんちょう力と いう 力で、おたがいに 引っぱりあっています。はみがきこが、ボートの 後ろで とけると、ボートの 前より、後ろの 方が ひょうめんちょう力が 弱く なります。それで 後ろに 引っぱる 力が 弱く なり、ボートが 前に すすみます。

やり方

はっぽうスチロールの トレイを ボートの 形に 切ります。

ボートの 後ろに、はみがきこを つけます。

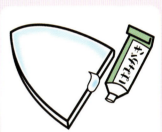

ボートを うかべると、すすみます。

こんな 科学マジックも やって みよう

アルミホイルを はば 3センチメートルくらいに 切って ねじり、うずまきの 形に します。水に うかべて、まん中に はみがきこを とかした 水を たらして みましょう。うずまきが くるくる まわります。

101

キッチンで 科学マジック

❓ なぜ ピンポン玉が ついて くるの？

水が ながれおちる ところに ピンポン玉が くっついて はなれません。

スマホで 見て みよう。

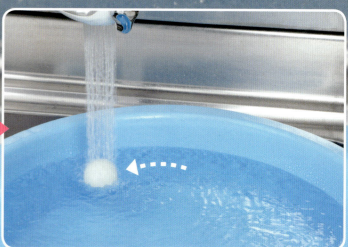

こんな 科学マジックも やって みよう

水道から 水を 出して、スプーンの うらで 水に ふれて みましょう。スプーンが 水の ながれに すいこまれて いきます。

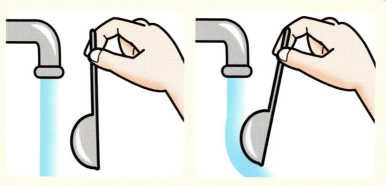

102

！はやい ながれに 引きよせられる

　ものは、ながれの はやい ところに 引きよせられます。ながれおちる 水道の 水は、中心ほど はやい ながれです。
　ピンポン玉は、ながれの はやい 中心に 引きよせられて いきます。ながれおちる ところを かえると、ピンポン玉も いっしょに いどうします。

やり方 ピンポン玉を、大きめの せんめんきに 入れた 水に うかべます。

やかんや 水道の じゃ口などで、水を ピンポン玉に かけ、うごかします。

実験を 大切に した 大科学者たち ❹
パスツール

（1822〜1895年　フランス）

ワクチン（予防接種）を つくった 科学者

わたしたちは、大きな 病気に ならないように、ワクチンを うちます。パスツールは、弱い 病原体を 体に 入れる ことで、その 病原体に 打ち勝つ 力が そなわる ことを 発見した 科学者です。

なぜ 病気に なるのか わからなかった 時代

パスツールの 生まれた ころは、人が なぜ 病気に なるのか わかっていませんでした。パスツールは 研究の すえ、空気中には 目に 見えない 生物が いて、それが 病気を 引き起こすと 考えました。また、そういった 小さな 生き物は、ものを くさらせも すると 考えました。

空気中に「菌」が いる ことを たしかめる

パスツールは 顕微鏡で、くさった 食べ物に ついた 小さな 生き物らしき ものを ほかの 学者に 見せました。しかし だれもが、それは 空気中に いたのでは なく、食べ物から 自然に わいて 出た ものだと いいました。

そこで パスツールは、「白鳥フラスコ」と よばれた 首の 長い 入れ物を つくり、それに 入れた 肉汁が くさらない ことから、空気中には 目に 見えない「菌」が いる ことを しめしました。

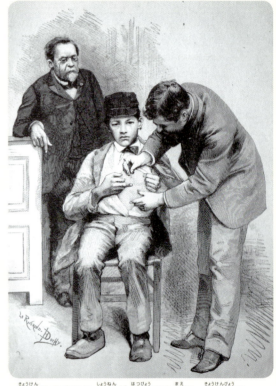

狂犬に かまれた 少年が 発病する 前に、狂犬病の ワクチンを うち、少年は たすかりました。

そのままに しておいた 肉汁は くさる。

熱を くわえて、ふたを した 肉汁は、くさらない。しかし これは、菌が いきが できないからだと いわれた。

熱を くわえて ふたを しないで おいた。ふたを しない 方は くさったが、白鳥フラスコの 方は くさらなかった。

白鳥フラスコ

空気中の 菌が、まがった くだに 引っかかり、入って こられ なかったのだと パスツールは 言った。

実験を 大切に した 大科学者たち ⑤
ライト兄弟

(兄 ウィルバー (右) 1867～1912年　弟 オーヴィル (左) 1871～1948年　アメリカ)

エンジンつきの 飛行に、人類で 初めて 成功

「空を飛びたい！」小さい ころ、父親が おみやげに 買って きた おもちゃで 遊び、ライト兄弟は そんな ゆめを もちました。その おもちゃは、ゴムの 力で 空を 飛ぶ、プロペラの ような ものでした。大きく なった 兄弟は 自転車店を 営みながら、みごとに ゆめを かなえました。

設計図の 大切さを 知る

兄弟の 母親は、機械に 強い 人でした。兄弟が そりなどの 遊び道具を ほしがると、買いあたえず、手づくりを すすめたと いいます。兄弟は つくる 前に よく 考え、設計図を かく ことの 大切さを 学びました。

もけいでの 実験を くり返す

空を 飛ぶ ことは、きけんが つきまといます。兄弟は、そうじゅうが しやすく、思いがけない 風にも 対応できる、安全な 飛行機を つくらないと いけないと 考えました。

ある 日、空き箱は ひねると 形が かわるけれど、すぐに もとに もどる ことに 気づいた 兄弟は、2枚の 翼の かたむきを かえる そうじゅう法を 考え出しました。

せんぷう機で 強い 風を 送る 「風洞」で、兄弟は 数え切れないほど 実験を くり返しました。

そして 本番。最初は、弟の オーヴィルが 乗り、交代で そうじゅうしました。4回目に 乗った 兄の ウィルバーは、260メートルを 飛びました。

1900年12月17日、ライトフライヤー1号で、人類初の 動力飛行に 成功。高さ3メートル、距離36.6メートル、約12秒 飛んだ。

ライト兄弟が 実験を くり返した 「風洞」。いろいろな 強さの 風を 送り、箱の 中で もけい飛行機を 何度も 飛ばした。

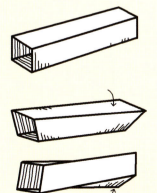

空き箱は、形を かえたり もどせたり できる。

体で科学マジック

手に あなが あいたのは なぜ？

手に あなが あいて、向こうがわの けしきが 見えて います。

わたしたちは、右目と左目の それぞれで 見た ものを、のうで 合わせて、ひとつの ふうけいと して 見て います。左目は 手のひらを、右目は つつの 中から 向こうの ふうけいを 見ると、手に あなが あいた ように 見えるのです。

! 左右の 目で 見え方が ちがうから

やり方

紙を まるめて つつを 作ります。

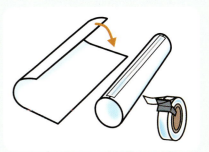

右手に もち、左手に くっつけます。

両目を あけた まま、右目で つつを のぞいて みましょう。

こんな 科学マジックも やって みよう

両目を あけた まま、左右の うでを のばして、人さしゆび どうしを 合わせて みましょう。かんたんに できます。

両目を 10びょう くらい とじた 後、かた方の 目だけを あけて、同じ ように 人さしゆび どうしを 合わせて みましょう。両目の ときより、少し むずかしく なります。

107

なぜ おさつが つかめないの？

体で 科学マジック

ゆびで とる じゅんびは できて いるのに、どうしても つかめません。

こんな 科学マジックも やって みよう

おさつの かわりに、じょうぎを つかいます。30センチメートル いじょうの じょうぎの すぐ下で、じょうぎを つかむ じゅんびを します。とつぜん おとして もらい、何センチメートルの ところで つかめるか、ためして みましょう。

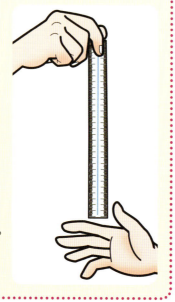

お金を つかう じっけんは、おうちの 人に ことわってから やりましょう。

！ゆびが うごくまでに 時間が かかる

おさつが おちるのを 見てから、ゆびを うごかして おさつを つかむまでには、時間が かかります。おさつが おちるのは みじかい 時間なので、ゆびを とじるのが まに あいません。

やり方 おさつを 人に もって もらいます。おさつの まん中あたりで 人さしゆびと 中ゆびを ひらいて、とる じゅんびを します。
　おさつを もつ 人は、とつぜん おさつを はなします。さあ、とれるでしょうか？

109

体で 科学マジック

? ゆび 1本で なぜ 立てないの？

頭を ゆびで おさえられると いすから立ち上がれません。

前に うごけないので 立ち上がれない

立ち上がるには、体の重心を前に うつさなくては なりません。その ため、前かがみに ならないと、いすからは 立ち上がれません。ゆびが 前かがみに なるのを じゃまして いるので、立てないのです。

やり方 あい手に いすに ふかく こしかけて もらいます。人さしゆびを、あい手の ひたいに あてましょう。それだけで、あい手は 立てなく なります。

こんな 科学マジックも やって みよう

うでを よこに 上げようと したまま、だれかに 10びょうくらい おさえて もらいます。

10びょうくらい たつと、こんどは うでを 上げようと しないのに、ひとりでに 上がって しまいます。

立てない…

❓ 左足が上がらないのはなぜ？

体の 右がわを かべに ぴったり つけて 立つと、左足が 上がりません。

体を かべに ぴったり くっつける。

左足が 上がらない！

体を かたむけて、足を 上げる

人は、かた足で 立つ とき、たおれないように、体を かたむけます。体を かたむけて、つり合いを とり、たおれないように して いるのです。

かべが あって、体を かたむけられない

かがみを 見て かた足立ちを して みましょう。立って いる 足の ほうに、体が かたむいて います。かべが あると、体を かたむける ことが できません。

やり方 かべに 体を ぴったり くっつけて 立ちます。足も かべに つけるように します。すると、かべに ついて いない 足は 上がりません。

こんな 科学マジックも やって みよう

かべから 50センチメートル くらい はなれた ところに、何か ものを おきます。

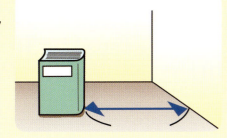

かべに せなかを つけて 立ちます。ひざを まげずに、おいた ものを とろうと しても とれません。

113

なぜ風船がつめたくなるの？

風船を のばしたり、ちぢめたり すると、温度が かわります。

あたたかい

風船は ゴムで できて います。ゴムは、のびる とき あたたかく なります。ちぢむ ときは、つめたく なるのです。

ゴムは ちぢむと 温度が 下がる

やり方
風船を 両手で もって、鼻の 下に あてます。いきおいよく のばしたり、ちぢめたり して みましょう。

こんな 科学マジックも やって みよう

風船を ほほに 当てます。そして だれかに いきおい よく ふくらませて もらいましょう。風船が あたたかく かんじます。

こんどは、ふくらんだ 風船を ほおに あてた まま、いきおい よく 空気を ぬいて、しぼませましょう。風船が つめたく かんじます。

つめたい！

実験を 大切に した 大科学者たち ❻
エディソン
（1847〜1931年　アメリカ）

世界の「発明王」

　音を 記録して 再生する「ちく音機」、電気で 明かりを つける「白熱電球」、「映写機」を はじめ、エディソンの 発明は 世界の 人びとの 生活を 大きく 変えました。1300を こえる 発明を した エディソンは、発明王と よばれて います。

本が 大すき、実験が 大すき

　小学校に なじめなかった エディソンは、家で 母親に 勉強を 教わり、たくさんの 本を 読みました。特に 科学に 興味を もち、地下に つくって もらった 部屋で、実験に むちゅうに なりました。

　おとなに なった エディソンは、研究所を つくり、次つぎと 発明を くり出しました。

　ところが 白熱電球の 発明には 手こずりました。細い もの（フィラメント）に 電気を 流すと 光るのですが、すぐに 燃えつきて しまうのです。ある 日 エディソンは、いっそ 燃えて 炭に なった ものを 使ったら どうかと 思いつきました。ためした ところ、うまく いきそうです。そこで エディソンは、6000種に のぼる 植物を はじめ、ありと あらゆる ものを 集めて 実験しました。すると、日本の 京都から 手に 入れた タケが、もっとも 長く 光ったのです。エディソンは これを 使って すぐれた フィラメントを つくり、白熱電球が でき上がりました。

白熱電球を 持つ エディソン。発明に 1年半 かかった。

エディソン研究所の ようす。「10日ごとに 小さな 発明、6か月ごとに 大きな 発明」が 目標だったと いう。エディソンを はじめと する 所員たちは、近所の 人たちから「ねむらない 軍団」と よばれた。

実験を 大切に した 大科学者たち ⑦
マリ・キュリー
（1867〜1934年　ポーランド　本名：マリヤ・スクオドスカ）

放射能の 正体を さぐり、2度の ノーベル賞 受賞

　大きな エネルギーを もった 放射線の 研究と、放射線を 出す 性質「放射能」を もつ ラジウムの 発見に より、マリは、2度の ノーベル賞（物理学賞と 化学賞）を 受けた 大科学者です。

未知の 世界へ 飛びこむ

　マリが 少女時代を すごした ころの ポーランドは、ロシアに 支配されて いました。マリは、そんな 国の ために 高度な 学問を 身に つけたいと 考え、パリ大学に 入学しました。
　食事も 満足に とれない まずしい 生活でしたが、科学に のめりこみ、物理学科を 一番で 卒業します。そして 同じ 大学の ピエール・キュリーと 結婚しました。
　当時、ウランと いう 金属から、ふしぎな 性質の 光が 出て いる ことが 知られて いました。この 正体を つきとめたいと 考えた マリは、ピエールと ともに、手さぐりで 研究を 始めました。

科学は 人類 みんなの もの

　やがて ピッチブレンド（瀝青ウラン鉱）と いう 鉱石から、強い 放射線が 出て いる ことが わかりました。マリは、ピッチブレンドを くだき、熱し、薬品で とかし、中に ふくまれて いるで あろう 放射能を もつ 物質を 見つけようと しました。その ため ほこりっぽく しめっぽい 研究室でしたが、マリは 来る 日も 来る 日も、強い 情熱を もって 取り組みました。
　そして 研究を はじめて 2年後に ポロニウム、さらに 4年後に ラジウムと、2つの 放射性元素の 取り出しに 成功したのです。
　ものを つきぬけたり こわしたり する 放射線は、医学や 工学に 大きな 使い道が あります。多方面から ラジウムの 取り出し方を 教えて ほしいと もとめられましたが、マリは、お金を もらわずに 教えました。「科学は 人類 みんなの ものです」と 言って。
　マリは、長年 放射線を 浴びた ため、白血病で なくなりました。

研究室の マリと ピエール。

ピッチブレンド。ここから、放射性元素の ポロニウム、ラジウムが 取り出された。

実験を 大切に した 大科学者たち ❽
フレミング
（1881～1955年　イギリス）

抗生物質「ペニシリン」を 発見

　フレミングは、病気の もとに なる 100種類以上の 細菌を ころす 成分が、青カビから 出る ことを 発見しました。この 薬は ペニシリンと 名づけられ、世界中の 数え切れない 人びとの いのちを すくいました。

病気の もとを 調べる 細菌学者に

　自然の ゆたかな スコットランドで 生まれた フレミングは、生き物の 観察が 大好きでした。その後、会社員に なりましたが、兄に「細かい ところまで 目が ゆきとどくから 医師に むいて いる」と 言われ、医学部へ 入りました。しかし フレミングは、勉強する うちに、病気の ちりょうを するよりも、病気の もとを 調べたいと 考え、細菌学者に なりました。

青カビが 細菌を ころす ことに 気づく

　フレミングは、「ペトリ皿」で さまざまな 細菌を 育て、それを どうすれば やっつけられるかを 研究しました。部屋は ちらかりほうだいに なりましたが、実験に うちこみました。つかれを いやす ために、ある日 短い 旅行に 出た フレミングでしたが、帰って きて 自分の しっぱいを なげきました。せっかく 育てた 細菌の ペトリ皿の いくつかの ふたを、あけた ままにして しまった ため、青カビが 生えて いたのです。

　ところが すてようと した フレミングは、カビの 近くの 細菌の かたまりが 小さく なって いる ことに 気づきました。そこで フレミングは わざと 青カビを べつの ペトリ皿に 入れた ところ、細菌の ふえ方が 止まったのです。

　つまり 青カビは、細菌を ころす はたらきを もって いたのです。こうした 薬は 抗生物質と いい、これを きっかけに いろいろな 抗生物質が つくられました。フレミングの 発見は、20世紀最大の 発見の 1つと されています。

ペニシリン 発見後、イギリスの 化学者、チェインと フローリが、ペニシリンの 大量な 取り出し方を 見つけ、薬と して 実用化した。フレミングは この 2人と ともに、ノーベル生理学・医学賞を 受けた。

ブドウ球菌と 青カビ。青カビの まわりの ブドウ球菌が とけている。

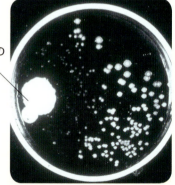

■監修

東京理科大学栄誉教授　藤嶋　昭

■写真

富川勝代（アフロ）：実験＆撮影
アマナ
加藤啓介
ＰＰＳ
ＰＩＸＴＡ

■イラスト

魚住理恵子
ふらんそわ～ず吉本

■編集協力

入澤宣幸
木村敦美

■校正

タクトシステム

■表紙デザイン

柏原晃夫
（京田クリエーション）

■本文デザイン

小林峰子

■参考文献

ジュニア学研の図鑑　科学の実験（学研）
子どもにウケる科学手品77（講談社）
もっと子どもにウケる科学手品77（講談社）
キッズペディア科学館（小学館）

| 2017年　7月26日　初版第1刷発行 |
| 2018年　6月25日　初版第3刷発行 |

発行人　　黒田隆暁

編集人　　芳賀靖彦

編集担当　松下　清

発行所　　株式会社　学研プラス
　　　　　〒141-8415
　　　　　東京都品川区西五反田2-11-8

印刷所　　共同印刷株式会社

NDC 400　120P　26.4cm

ⓒ Gakken Plus 2017
Printed in Japan

本書の無断転載、複製、複写（コピー）、翻訳を禁じます。

本書を代行業者等の第三者に依頼してスキャンやデジタル化することは、たとえ個人や家庭内の利用であっても、著作権法上、認められておりません。

お客様へ

■この本に関する各種お問い合わせ先
●本の内容については
　TEL　03 - 6431-1280（編集部直通）
●在庫については
　TEL　03 - 6431-1197（販売部直通）
●不良品（落丁、乱丁）については
　TEL　0570-000577（学研業務センター）
　〒354-0045　埼玉県入間郡三芳町上富279-1
●上記以外のお問い合わせは
　TEL　03 - 6431- 1002（学研お客様センター）

■学研の書籍・雑誌についての新刊情報・詳細情報は、下記をご覧ください。
　学研出版サイト　http://hon.gakken.jp/

＊表紙の角が一部とがっていますので、お取り扱いには十分ご注意ください。

なぜ そう 見える？

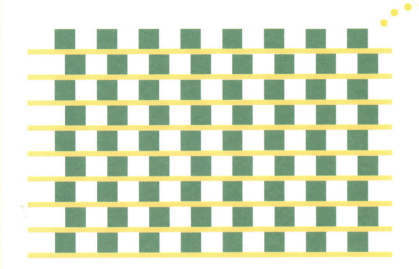

ゆがんで 見える！

よこの 線は、水平ですが、緑色の 四角い 形が あると ゆがんで 見えます。

ゆがんで 見える！

正方形の もようを ならべると、ゆがんで 見えます。となりに ある ものに よって、本当とは ちがう 形に 見えます。

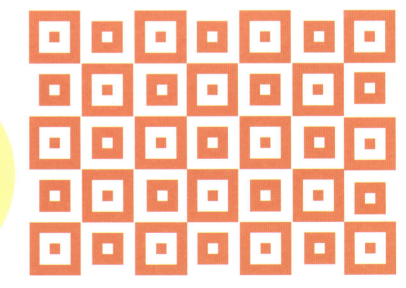